小水滴大世界

中国杭州低碳科技馆 ◎ 主编

科学技术文献出版社
SCIENTIFIC AND TECHNICAL DOCUMENTATION PRESS
·北京·

图书在版编目（CIP）数据

小水滴大世界 / 中国杭州低碳科技馆主编. —北京：科学技术文献出版社，
2020. 12（2021. 7重印）
　ISBN 978–7–5189–6361–4

Ⅰ. ①小… Ⅱ. ①中… Ⅲ. ①水污染防治—普及读物 Ⅳ. ① X52–49

中国版本图书馆 CIP 数据核字（2020）第 001326 号

小水滴大世界

策划编辑：张　丹　责任编辑：马新娟　责任校对：王瑞瑞　责任出版：张志平	
出　版　者	科学技术文献出版社
地　　　址	北京市复兴路15号　邮编　100038
编　务　部	（010）58882938，58882087（传真）
发　行　部	（010）58882868，58882870（传真）
邮　购　部	（010）58882873
官 方 网 址	www.stdp.com.cn
发　行　者	科学技术文献出版社发行　全国各地新华书店经销
印　刷　者	北京虎彩文化传播有限公司
版　　　次	2020 年 12 月第 1 版　2021 年 7 月第 2 次印刷
开　　　本	710×1000　1/16
字　　　数	77千
印　　　张	6.25
书　　　号	ISBN 978–7–5189–6361–4
定　　　价	32.00元

前言

　　在茫茫宇宙中，那颗美丽的蓝色星球，就是我们赖以生存的地球，而那大片的蓝色就是生命之源——水。地球生命的繁衍生息离不开水，人类生存发展离不开水。它是农业的命脉，是工业的血液，是城市的灵魂。

　　随着城市发展、气候变化，水问题变得复杂多变，水资源短缺、水污染严重、水灾害频繁、水环境恶化等问题给我们的生存和发展带来了极大的威胁。水危机成了21世纪人类面临的最为严峻的现实问题之一。

　　《小水滴大世界》是写给孩子们看的一本关于水的科普书。本书通过一问一答的形式，用通俗易懂的语言和一张张充满童趣的插图，深入浅出地介绍了人类与水的关系，集科学性、通俗性和趣味性于一体。

　　地球上有多少水？是谁带来了水问题？这些水问题又将如何影响人类的生存和生活？生活中我们该如何合理用水、健康饮水？……这些问题，都能在本书中

找到答案。希望通过本书，小读者们能够认识到如今水问题的严峻性和治水的紧迫性，从而提高保护水资源的意识，养成节约用水的好习惯。同时，也能做好小小环保宣传员，让更多的人加入爱水护水的队伍。

一滴水，微不足道，但千千万万的小水滴赋予了地球生命，使人类得以生存发展。爱护每一滴水，就是爱护我们人类自己。

目 录

第一章　地球上的水

① 水从哪里来？

我们的周围有各种类型的水：河水、雨水、自来水、矿泉水……你是否想过，第一滴水是从哪里来的？

有种观点认为，在地球形成时，原始的大气中含有氢、氧元素，二者化合成水；也有观点认为，形成地球的星云物质中本来就有水的存在；还有观点认为，是一些内部存在大量液态水的小行星撞击地球时，把水带到了地球上。目前，科学家对地球上水的形成还没有明确的答案。

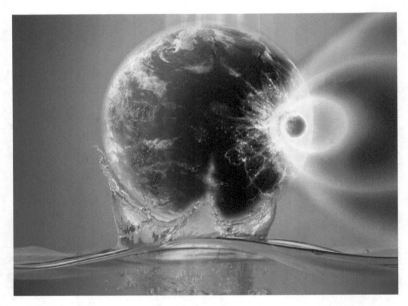

但可以明确的是，地球上的海洋应该形成于地球冷却后的时期，因为在地球冷却前，也就是地球还在岩浆海的时候，表面的温度非常高，不可能有液态水的存在。

地球形成已经有45.5亿年了，地球上的水也已经约45亿岁了。水能够在地球上长期地保存下来，与地球的一些特殊环境是离不开的，如地球的重力和磁场。如果没有重力，水就是飘在空气中的。如果没有磁场，太阳风会带走地球上的大气和水，磁场抵御了太阳风的侵袭，保护了地球上绝大部分的大气和水。

水赋予了地球生命，我们也希望有一天可以找出水究竟来自哪里。

② 地球是唯一有水的星球吗？

地球上的生命离不开水，如果人类想移民到其他的星球上去，水就是必要条件。那么，水只有地球才有吗？其他的星球上会不会也有水呢？

事实上，水并不是地球的专利，科学家已经在太阳系内很多地方发现了固态水——冰，可以说水在太阳系是比较常见的物质。

在火星表面的两极地区、少数火山口和近地表的永久冻土上曾发现冰的存在。在火星形成的早期，很可能和地球一样有大面积的海洋。但火星的引力小，加上太阳辐射的电离作用，火星上的海洋很快就消失了。根据科学家的推测，在火星形成之后大约 10 亿年，火星的表面就不再有海洋。

1610 年，伽利略发现了木卫二，它是木星的第四大卫星。随着探测手段的进步，很多科学家认为这颗大小近似月球的卫星是太阳系中除地球外最有可能有生命存在的星球。这是因为在木卫二的表面有厚厚的冰层，而冰层下很可能是一个大海洋，水量会是地球的两倍多。

木卫二表面温度非常低，所以表面的冰层厚度最厚能达数十千米。木卫二环绕木星运动引发的引潮力会对木卫二的岩石核心进行潮汐加热，这就很可能使冰层下维持一个液态的海洋。另外，受到引潮力的作用，冰层会破碎，形成裂缝，裂缝中就会出现喷泉。哈勃望远镜曾拍摄到图像，确定木卫二南半球的两个不同区域有氢和氧，能解释这一现象的原因只有一个，即它们是从木卫二中喷射出的水被电解而来。

除了火星和木卫二，木卫四、冥王星、土卫四等星球上都有水，有了水，才有生命存在的可能性。随着人类探索宇宙脚步的前进，相信我们会在越来越多的星球上发现水的痕迹。

③ 地球上有多少水？

　　从太空中看地球，那是一颗蓝色的星球，蓝色部分就是海洋。海洋占了地球表面的71%，地球上所有的陆地面积加起来还没有一个太平洋大，因此可以说地球是一颗大水球。那这颗大水球上到底总共有多少水呢？

　　地球上有13.86亿立方米的水，它们以固态、液态和气态的形式存在于地球的各个角落。地球离太阳不远不近的距离，使得地球上温度适宜，大多数的水以液态形式存在。在我们看不见摸不着的空气中，水以气态形式存在。平时我们说的空气湿度就表示空气中含水的多少，一般干燥的秋冬季节空气湿度低，含水量少；湿润多雨的夏季空气湿度高，含水量多。

　　地球上的水按所处位置进行分类，可以分为地表水和地下水。河

流、湖泊、湿地和冰川等处于地球表面的固态和液态的水体都属于地表水。

从性质上分，水可以分为咸水和淡水。地球上97.47%的水是咸水，包括海水、咸水湖的水及高矿化的地下水，其中海水占地球总水量的96.5%。仅占总水量2.53%的淡水，多以冰川、冰盖等固态形式存在，河流、淡水湖泊及浅层地下水等人类可利用的淡水只占地球总水量的十万分之七。

地球上的水，虽然总量很大，但分布不平衡。这种不平衡体现在时间和空间上。时间上的不平衡，指的是很多地区一年里分为雨季和旱季。雨季降水丰富，旱季鲜有降水。在空间上的不平衡，指的是由于气候和地形的关系，一些地区水资源丰富，如热带雨林；而一些地区则极度缺水，如沙漠地区。

④ 海洋里居然还有森林？

你是不是认为森林仅存在于陆地上，海洋里怎么会有森林呢？但实际上，海洋里的确有森林，还不止一种森林。海洋中的森林分为两种，一种是我们肉眼可见的"森林"，另一种是肉眼看不见的"隐形森林"。

在福建深沪湾就有一片海底古森林，它位于距海岸 100～200 米外，已发现的有 60 多棵古树，以裸子植物油杉为主，距今已有 7000 多年的历史。除了古森林，海洋里还有活着的森林。例如，在热带、亚热带滨海泥滩上的红树林和海带等底栖藻类所组成的海藻林，都是我们肉眼可见的"森林"。

肉眼看不见的"隐形森林"指的是海洋里的浮游植物，即一些单细胞藻类。之所以说他们是隐形的，是因为它们非常小，小到肉眼不可见，如蓝藻，只有半微米到几十微米大。在光线可照到的海面 100 多米内，每一滴海水中，都含有成千上万个浮游藻类。

为什么浮游植物可以被称为"森林"？这是因为这些藻类含有叶绿素，有些甚至含有其他色素。与陆地上的树木一样，他们同样可以进行光合作用，吸收光和二氧化碳，产生氧气。

浮游藻类能被称为"隐形森林"，也能起到和陆地森林相当的作用。它们用相当于陆地森林1%的数量吸收了和陆地森林差不多的碳量。有数据表明，地球生物圈吸收的碳，陆地占52%左右，海洋占45%～50%。这是由于浮游藻类虽然数量少，但其从生殖到死亡的周期短，一周就能完成换代。

浮游藻类对地球的意义绝不仅仅在于吸收碳，地球上会出现生命，浮游藻类功不可没。在地球形成之初，大气中主要是二氧化碳，并没有氧气，因此没有生物可以生存，直到海洋中出现了蓝藻。蓝藻通过光合作用，释放出氧气。当大气中的氧气逐渐积累，生命的巨轮开始转动，从简单到复杂，从单细胞细菌到复杂的有机体，海洋和陆地上开始出现植物、动物，地球从此变得生机勃勃。这也是为什么人们会称海洋为生命的摇篮，因为没有海洋，没有海洋里的藻类，就不会有生命。

⑤ 什么是地下水？

当你在公园不小心打翻水杯时，水撒了一地，你知道水后来去哪里了吗？它透过土壤，渗入地下，进入了地下水的队伍中。那么，什么是地下水？你见过地下水吗？

地下水，是藏在地表以下的水，平时我们看不见它。也许你会说你在泥地上挖过洞，除了土壤和石头，并没有看到水。那是因为近地表的地下水大部分存储在土壤和岩石的孔隙中，当然也会有一小部分以地下湖、地下河的形式存在于地下深处。

地下水，是水资源的重要组成部分，占全球淡水的 1/4，总水量多达 1.5 亿立方千米，比整个大西洋的水量还要多。地下水的水质好，水量稳定，因此它是城市生活用水、农业灌溉和工业生产的重要水源之一。我国有近 70% 的人口饮用地下水。

地下水那么多，它是从哪里来的呢？降水是地下水的主要来源，只要是没有流入河流、湖泊或是蒸发到空气中的雨水，都会渗入地下。渗入的雨水会一路往下，一直到达无法继续渗透的岩石层，它们在岩石层上方汇集到一起，充满各个空间和缝隙中。

地表水的渗入也是地下水的来源之一，但是地表水和地下水互相之间的补给是由地表水水位和地下水水位关系决定的。例如，山区的河流，它的水位经常低于地下水水位，此时河流就无法补给地下水；而山前地段的河流，由于河床抬高，河水就能补给地下水。

水汽凝结也能补给地下水。在夏日的白天，大气和包气带都吸热，但地表的温度高于包气带上层中空气的温度，这使得大气中的水汽向包气带移动，增大了包气带的空气湿度。到了晚上，土壤散热快于大气，当地面温度降到一定程度，土壤空隙中水汽就饱和，凝结成水滴，形成重力水，下渗补给地下水。

此外，人工的补给也是地下水的一种来源。在人类从事生产活动（如灌溉农田、修建水库、生产生活）时，排放的废水都会渗透到地下。还有人类为了对水资源进行调节而进行的引水回灌地下水也是人工补给。

虽然地下水深藏于地下，不为我们所见，但它是地球水循环的重要组成部分，我们人类的生产和生活离不开它。

⑥ 谁是地球的肾脏？

人体的肾脏有一种功能，能调节身体水分循环，排泄体内的有害物质。地球上有一种水体，也有调节水分平衡、排毒解毒的功能，那就是湿地。

广义上的湿地，包含了沼泽、湿原、滩涂、湖泊、河流等除了海洋（水深 6 米以上）之外的所有水体及水库、鱼塘、稻田等人工湿地。广义上的湿地，占了地球陆地面积的 6%。狭义上的湿地，是指暂时或长期覆盖水深不超过 2 米的低地、土壤充水较多的草甸，以及低潮时水深不超过 6 米的沿海地区。可以说，狭义上的湿地是陆地与水域之间的过渡地带。

地球上有三大生态系统，分别是"地球之心"海洋、"地球之肺"森林和"地球之肾"湿地。湿地，用不大的面积给地球上 20% 的生物提供了生存环境。青蛙等两栖动物在这里繁殖，黄嘴白鹭等珍贵鸟类在这里安家，捕蝇草等食虫植物在缺乏矿物质的泥沼中茁壮成长。

　　湿地是水循环的一个重要部分，它像一块天然的海绵一样能调节水分平衡。在雨季或者洪水来临时，湿地可以容纳大量的水，在旱季来临时，湿地储存的水就能成为水源，补给地下水。

　　湿地的排毒解毒功能在于它能净化水质。生产生活中的污水进入湿地以后，由于湿地的水流速度缓慢，有毒有害物质就会缓慢沉淀下来。湿地中一些植物能够吸收有毒有害物质，从而使水质得到净化。

　　湿地还能够通过水分循环来调节局部气候。湿地中有大量的植物，植物的蒸腾作用能将湿地中的水从液态转化成气态。空气湿度的增加，影响了降水量。另外，湿地中茂盛的植物能够吸收空气中大量的二氧化碳，而二氧化碳这类温室气体是全球变暖的罪魁祸首。植物吸收的二氧化碳在植物死亡后，随着其残体的互相交织，在湿地上形成疏松的草根层，因此碳元素就以固体的形式被储存了下来。

　　湿地之于地球相当于肾脏之于人体，没有湿地的地球相当于没有肾脏的人体。正因为湿地对地球起到的重要作用，我们也会建一些人工湿地，那是一个综合的生态系统，在人工建立的类似于沼泽的湿地环境里，种植一些根系发达的水生植物，起到净化水质等作用。

知识链接

西溪国家湿地公园被很多人熟知是因为那句"西溪,且留下"。它位于浙江省杭州市市区,距西湖不到5千米,是罕见的城中次生湿地。西溪国家湿地公园河流总长100多千米,约70%的面积为河港、池塘、湖漾、沼泽等水域,陆地绿化率达85%以上。西溪国家湿地公园生态资源丰富、自然景观质朴、文化积淀深厚,是目前我国第一个也是唯一一个集城市湿地、农耕湿地、文化湿地于一体的国家湿地公园。

⑦ 瀑布会流完吗？

你一定看到过瀑布吧？无论大小，瀑布水一直在源源不断地往下流。你是否想过，瀑布是不是就永不停歇呢？会不会有一天瀑布流完了呢？

要想知道瀑布会不会流完，首先要知道瀑布形成的两大要素：水源和落差。

水源，即瀑布水从哪里来。如果瀑布上游的河流一直有水，那水就能流到瀑布的位置。水流越大，形成的瀑布越大，景象就越壮观。如果上游河流的河水断流枯竭，那么瀑布就会失去水源。

落差，是指河床高度的变化所产生的水位差。河流的河道地势突然降低，特别是遇到陡坡或者悬崖，有了落差，水才能从高处落到低处形成瀑布。如果没有了落差，地势变得平坦了，就算上游河流不枯竭，也不会有瀑布的存在了。

有瀑布的地方，河流总是向上游的方向侵蚀，欲把高处侵蚀得更平坦，让河道变得平缓。水的侵蚀能力是非常强大的，日积月累，滴水穿石。而地势的落差让河流速度加快，水流速度越快，对河道、河岸的侵蚀力就越强。在河水强有力的侵蚀作用下，瀑布的上部岩石会逐渐破碎跌落，瀑布的位置会缓慢向上游的方向推进，落差也会渐渐变小，直到最终没有落差，瀑布消失。

　　实际上，世界上最大的瀑布——位于加拿大与美国交界处的尼亚加拉大瀑布就在逐步"后退"。尼亚加拉大瀑布现在的落差约为50米，受到水的侵蚀作用，瀑布正以每年1米多的速度向上游后退。按照这个速度，这个世界上最大的瀑布会在5万年后消失。

　　你也许会遗憾这么多美丽壮观的瀑布会逐渐消失，但是地球上的瀑布不会灭亡，因为随着地质运动会有新的"落差"产生，因此也会有新的瀑布生成。

8 温泉是怎么产生的?

你泡过天然温泉吗?有没有想过为什么地下会冒出温暖的泉水呢?这就要从泉水开始说起了。

虽然我们在地表能看到泉水,但泉水实际上是一种地下水。在岩石、土壤里的地下水,由于受到压力等原因,就会破土而出,流到地表,成为泉水。泉水有的冷,有的热,大多数的泉水都是冷的。

温泉,是泉水的一种。当地下天然泉水的泉口温度显著高于当地年平均气温且含有对人体健康有益的微量元素时,这类泉水就叫作温泉。

温泉形成一般有两种原因。一种原因是在地球的内部,有炽热的岩浆,大部分地区,厚实的地壳能够阻隔岩浆上涌。但有些地方,尤其是火山活跃的地区,地壳板块运动后,岩浆会上涌至地表附近。岩浆的热量集中,如果周围有含水层,就会使该地下水变热,当它们涌出地面,就是温泉了。

另一种原因是依托特殊的地质条件，地表水和地下水形成垂直方向上的通道，可上下流通。当地表水和降水渗入地下，可深入地壳深处，经过地壳深处热量的加热，成为热水。热水的密度小，透过岩石、土壤的空隙，上升涌出地表，成为温泉。

温泉根据涌出地表时的温度不同，可以分为沸泉（97℃以上）、高温温泉（75～96℃）、中温温泉（50～74℃）和低温温泉（30～49℃）。

了解了温泉的形成原因和分类，下一次泡天然温泉的时候，不妨探究一下你所泡的温泉是怎么来的。

⑨ 你喝的水是恐龙喝过的？

打开水壶，打算喝一口水，如果告诉你这个水是恐龙喝过的，你会不会觉得难以下咽？但事实上，这个水的确有可能是恐龙喝过的，也可能是你某个冬天堆雪人的那团雪，还可能曾经是印度洋某岛国森林里的几滴露珠……打从水在地球上出现后，就一直在进行水循环，没有新的水生成，也几乎没有水离开，现在的水还是 45 亿年前的那些水。

自然水循环

水循环指的是地球上一个地方的水，通过吸收太阳的能量，改变状态到地球上另一个地方。海洋中的水，吸收太阳的热量，蒸发成气态水上升到温度较低的空中；当水蒸气变凉，又回到液态的水滴状或固态的冰晶，水滴或冰晶聚集在一起，集结成云。越来越多的水滴冰晶集结，云朵越来越重，水就会以液态的雨或者固态的冰雪形式降落到地面，进入湖泊、河流、地下或者结成冰，最终经地表和地下的径流回到海洋进入新一轮的水循环。

除了海上和陆地之间进行的海陆间水循环之外，水循环还包括海

上水循环和内陆水循环。海上水循环指的是海水蒸发上升，经降水直接回到海洋；内陆水循环是指陆地上的河流、湖泊等水经蒸发和植物的蒸腾作用被带到高空，经降水又回到陆地。

由此可见，在 45 亿年里，水一直在海洋、云端和陆地之间运动，这个循环运动将地球上所有的生命联系在了一起。所以，不管是遥远国度里一株植物上的露珠，还是你堆雪人的那团雪，抑或是恐龙喝过的那口水，都是无数个水循环中的一部分，在经历过数次水循环后，完全有可能成为你杯子里的那杯水。

⑩ 海水为什么是咸的？

我们都知道海水是一种咸水，尝起来是苦涩的味道。海水为什么会是咸的呢？

水能够溶解一些矿物质，海水的咸，主要是因为海水中溶解了盐这种矿物质，大部分盐的成分是氯化钠，与我们吃的食盐的成分一致，因此海水是咸水。

那海水一直都是咸的吗？海洋中的盐又是哪里来的呢？

其实，海洋形成之初，海水并不像现在这么咸。海洋中的水蒸发时，将盐留在了海洋，而蒸发后的水以降水的形式落到地表，进入湖泊、河流。地表的径流冲刷着陆地，将岩石中的盐等矿物质带入海洋。在漫长的地球演变过程中，进行了无数次的水循环，地表径流无数次的将盐带入海洋，因此海水变得越来越咸。

也有一种观点认为，海洋中有一部分的盐是从地壳深处以气体的形式释放到地表的。例如，意大利和冰岛的火山喷发，喷出了大量的氯化钠气体，这些气体含有的盐分喷到地表后，也会通过各种形式进入海洋。

我们用海水盐度来表示海水中溶解了的盐量。目前，地球上海水的平均盐度是 3.5%，也就是说每 100 克海水中含盐 3.5 克。在赤道一代，降雨量较大，因此赤道附近的海洋中含盐量较低；高纬度地区，溶解的冰降低了海洋盐度。因此，含盐量最高的海洋位于蒸发量高而降水量相对较低的中纬度地区。

第二章　水怎么了

① 为什么湖泊水的营养不能太丰富？

我们人类吃东西都喜欢讲营养，要多吃有营养的食物，少吃垃圾食品。你知不知道湖泊也是讲营养的，它的营养是不是越多越好呢？

湖泊中的营养一般指氮、磷等物质，主要来源于河流夹带的冲积物和湖泊中水生生物的残骸。这类营养对湖泊而言，并不是越多越好，过多的营养物质反而会引起湖泊的富营养化污染。

所谓富营养化污染指的是大量的氮、磷等营养成分进入湖泊，湖水中的浮游植物，尤其是藻类大量繁殖，导致湖泊的生态平衡被打破，严重影响了湖泊的水质和水环境。

过量的营养物质从哪里来？工业污水和生活污水的排放是主要源头。钢铁、化工、造纸、印染、制药等行业的废水中含有大量的磷和氮，我们洗衣、洗碗等生活污水中也富含很多氮和磷的有机物。很大一部分的工业污水和生活污水不经处理排入河流，流动的河水将氮和磷等有机物带入湖泊。水产养殖时投入的饵料和农业生产中化肥、农药的使用也大幅增加了水体中的氮、磷成分。此外，旅游业的快速发展使得湖面航行船只及湖面旅游活动排污增加，导致湖水中的营养成分增加。

　　湖泊的富营养化污染是当今世界面临的最主要的水污染问题，会带来严重的危害。富营养化的湖泊中过度繁殖的藻类，有的会散发腥臭味，这种臭味向周围扩散，影响周围人们的正常生活。大量藻类浮于湖面，水质变得浑浊不堪，透明度大幅降低，阳光无法穿透水层，影响水中植物的光合作用。藻类的过度繁殖还会使水中溶解氧急剧减少，加上部分藻类会分泌释放有毒物质，从而导致湖中的鱼类和其他动物的死亡。富营养化的湖水中含有硝酸盐和亚硝酸盐，如果人类和畜类饮用这类硝酸盐和亚硝酸盐超标的水，会引起中毒。

　　我国第三大淡水湖——太湖，是上海、苏锡常、杭嘉湖地区最重要的水源。曾经清澈的太湖水，水面的有机物污染从1987年的1%上升至1994年的29.18%，1993年以后的太湖则全部富营养化。2007年，太湖蓝藻大爆发，几十厘米厚的蓝藻覆盖所有水面，无锡70%的水厂水质都被污染，水龙头里放出的水又臭又黄，200万无锡市民生活饮用水被污染。

湖泊的富营养化污染危害严重，防治也颇为复杂。首先要从源头上截断营养物质的输入途径，排入湖泊的生活污水、工业废水需集中进行脱氮除磷处理，这是最关键、最根本的途径。对于已经进入湖水中的营养物质则需采取措施进行转化和消除。例如，疏浚湖底淤泥，减少水中沉积物的营养物质；人为增加溶解氧，强力搅拌，防止藻类过度生长。

其实，富营养化污染并不是湖泊专有，水库、河口、近海水域等都发生过富营养化污染。在我们的日常生活中，类似用无磷的洗涤剂代替含磷洗涤剂等一些小小的举动也能减少水体中的营养物质。要相信每个人的一小步，就是治理污水的一大步。

② 地下水怎么了？

在山东省淄博市有一个因水出名的小镇，叫萌水镇。那里有淄博第二大水库——文昌湖，水资源丰富。曾经，这个镇里的许多人都用井水作为生活用水，直到有一天，村民发现从自家水井中抽出的水变得又黑又臭。

其实这样的例子并不少见，我国 90% 的地下水遭到了不同程度的污染，其中 60% 污染严重。地下水是水资源的重要组成部分，占我国水资源重量的 1/3。2015 年，全国 657 个城市中，有 400 多个以地下水为饮用水水源。尤其是北方地区，65% 的生活用水、50% 的工业用水和 33% 的农业灌溉用水，都来自地下水。而如今，地下水污染严重，由于地下水流动缓慢，更新和自净也缓慢，没有技术能彻底清污，失去地下水就意味着生存危机。

地下水埋于地底，是谁污染了地下水？罪魁祸首就是工业"三废"（废水、废气、废渣），一些企业私自将工业的废水不经处理就排入城市下水道、江河湖海或直接排到水沟、大渗坑里，导致地下水化学污染。其次是农业活动引起的污染，如土壤中剩余的农药、化肥及不合理的污水灌溉等，会引起大面积浅层地下水污染。此外，生活垃圾中的金属、药物、大量塑料等垃圾随意堆放，日晒雨淋后溶出的重金属及化学物质渗入地下，也会引起水污染。

在我国，地下水除了污染严重，还面临着过度开采的问题。随着人口增长和工业发展，水的需求量不断增加，人们不断地打井抽取地下水，地下水的自然补充和恢复跟不上，逐渐地就形成了一个以城市和工矿区为中心，中间深、四周浅的"大漏斗"。

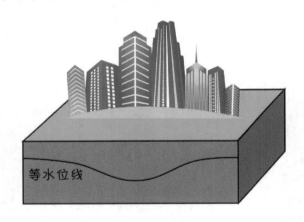

等水位线

不要以为过度开采地下水只是北方水资源较少的城市特有的情况，在长江三角洲和东南沿海地区也不乏"大漏斗"的存在。

一个"大漏斗"的地形，最直接的后果就是引起地面下沉。从而毁坏建筑物和生产设施，如楼房倾斜、开裂，甚至倒塌。1921—2000年，"大漏斗"引起的地面沉降共给上海造成了2900亿元的经济损失。

过度开采地下水，会造成地下储水空间减小，在雨季，降水给地下水的补给会因此减少直至不补给，从而引起地下水资源萎缩甚至枯竭。

此外，过度开采地下水，破坏了地下水的隔水层，使地表的污水通过塌陷段渗入，引起地下水污染。而在沿海地区，地下水位下降，引起海水倒灌，地下水就会盐碱化，水质变差。

地下水，我们人类生产生活的基础，正面临着岌岌可危的情况。严格控制污染源，对污水进行综合处理，节约用水，降低用水量，解决地下水的污染和超采问题，刻不容缓！

③ 什么是洪涝灾害？

打开水龙头，往盆里放水，水很快就会溢出来。自然界里也是一样，持续的暴雨会让河流、湖泊等水域超过正常的水位，引起洪涝灾害。

洪涝灾害，分为洪水灾害和雨涝灾害两部分。洪水灾害是指由于暴雨、冰雪融化、水利工程失事等原因引起江河湖海水量增加，水位迅速上涨，水流冲出天然水道或者人工堤坝所造成的灾害；而雨涝灾害是指因大雨、暴雨或长期持续性降雨过量集中引起积水严重、低洼地区被淹没的灾害。洪水灾害和雨涝灾害往往同时或连续出现在同一地区，经常难以界定，因此一般统称为洪涝灾害。

我国是洪涝灾害频繁的国家。而洪涝灾害这种世界上最严重的自然灾害之一，给我国带来的损失也是巨大的。全国约有35%的耕地、40%的人口和70%的工农业生产经常受到洪水的威胁，且洪涝灾害所造成的财产损失居各种灾害之首。

　　1998 年夏天，长江、嫩江、松花江等流域爆发了一场特大洪灾。江西、湖南、湖北、黑龙江等全国 29 个省（区、市）遭受了不同程度的洪涝灾害，受灾人口 2.23 亿人，死亡 3004 人，倒塌房屋 685 万间，直接经济损失达 1660 亿元。

　　洪水属于河流循环系统的一部分，是水运动的一种方式，因此洪水也有好的一面。洪水在运动的过程中会将大量的淤积物，如富含营养物质的泥沙，带到低洼地带。几百年前的美国密西西比河两岸没有城市和农场，在被洪水不断的淹没后，洪水留下的大量淤泥让土地变得日益肥沃，利于种植，才逐渐发展起了农场和城市。

④ 海水在变酸吗？

　　都说海水是咸水，难道咸水是酸味的？当然不是，我们这里说的酸，只指海水的酸碱度，是用氢离子浓度来衡量的。常温常压下，pH 值大于 7 是碱性，小于 7 是酸性。

　　现在海洋表层海水的 pH 值是 8.2，属于弱碱性。近几年，科学家经过研究发现，自工业革命以来的 200 多年里，海洋表层海水的 pH 值降低了 0.1。海水没有变成酸性，但海洋的确在酸化，确切地说是海水的碱性在减弱。

表层海水的 PH 值为 8.2

　　我们不能小看这 0.1，因为海水 pH 值的变化是很小的，2000 多万年来的变化幅度只在 0.3 上下，而如今 200 多年就降低了 0.1，可以说是一个不可忽视的降幅了。

　　是谁让海水 pH 值降低了？罪魁祸首就是二氧化碳。海洋和大气之间一直在进行着气体的交换，过去的 100 多年中，人类排放的二氧化碳有 1/3 是靠海洋吸收的。二氧化碳溶解到海水中，形成碳酸，使海水的 pH 值下降了。

　　工业革命以来，人类开采使用了大量的煤、石油和天然气等化石燃料，砍伐了大批的森林，至 21 世纪初，全球排放了超过 5000 亿吨的二氧化碳。如果人类对二氧化碳的排放不加以控制，到 2100 年，全球海洋的 pH 值还将继续降低 0.2 ～ 0.3。

也许你会觉得海水酸化对你的影响并不大，可是对海洋里的一些生物而言，却是致命的。造礁珊瑚的骨骼坚硬，主要由文石组成，但海水酸化会阻碍珊瑚文石骨骼的形成。澳大利亚的大堡礁是世界上最壮观的珊瑚礁，但在 1990—2005 年，大堡礁珊瑚

钙化程度下降了 14.2%，如果海水不断酸化，大堡礁将美丽不在。甚至有研究者表明，如果海水酸化过于严重，珊瑚在 21 世纪末就可能消失。

比起珊瑚，受海水酸化影响更严重的是浮游生物。在 pH 值较低的海水里，营养盐的饵料价值会下降，浮游植物吸收营养盐的能力也会发生变化。但对翼足类的浮游生物而言，海水的酸化很可能导致它们灭绝，尤其是一种叫作海蝴蝶的浮游动物。它和蜗牛、海螺一样有一个壳，但它的壳又小又薄，还是文石质的，在酸化的海水里，比珊瑚礁还容易溶解。如果二氧化碳的排放得不到遏制，预计到 2050 年，南大洋的翼足类就会消失。浮游生物是海洋食物网的基础，它们的灭绝、减量或改变会影响以之为食的鱼类，乃至整个海洋生态系统，最终也会影响人类。

⑤ 为什么酸雨是危险的水？

你也许会问酸雨是不是酸的，我能不能尝一尝？千万别去尝，因为酸雨可不是健康安全的水，它是一种危险的水。

在雨、雪等降水形成和降落的过程中，吸收并溶解了空气中的二氧化硫、氮氧化物等物质，形成了 pH 值低于 5.6 的酸性降水，这就是酸雨。酸雨分为硫酸雨和硝酸雨。

引起酸雨的酸性物质从哪儿来？这是由自然因素和人为因素造成的。所谓自然因素包括土壤中动物尸体和植物败叶在细菌的作用下分解成某些硫化物，然后又转化为二氧化硫，火山爆发也会喷出大量二氧化硫，闪电能使空气中的氮气和氧气结合成氮氧化物。但是形成酸雨的酸性物质主要还是来源于人为排放。人类的工业生产、民用生活需要燃烧大量的煤、石油和天然气等化石能源，而燃烧化石能源会产生大量的二氧化硫和氮氧化物。例如，汽车的尾气中就有大量氮氧化物。我国是烧煤大国，煤的燃烧会产生大量二氧化硫，因此我国的酸雨主要是硫酸雨。

酸雨有多危险？在国外，它被称为"空中死神"，会给自然生态系统、人类健康和建筑设施带来严重的破坏。

　　酸雨对自然生态系统的危害主要体现在水生系统和陆生系统上。酸雨降落在河流、湖泊中，敏感的水体酸化，损害一系列水生生物的生长，使一些鱼类和其他生物物种减少和生产力下降。重庆南山等地因为水体酸化，pH值小于4.7，鱼类不能生存，农户多次养鱼均无所获。酸雨落在土壤里，抑制土壤有机物的分解和氮的固定，淋洗钾、钙、镁等营养元素，使土壤变得贫瘠。酸雨淋在植物的新芽上，会使新芽受损，影响植物生长，退化森林生态系统。同样是重庆南山的酸雨，使1800公顷的松林死亡过半。

　　酸雨通过直接或间接的方式对人体健康产生危害。酸雨、酸雾等通过直接接触刺激人体的皮肤、眼角膜、呼吸道等敏感器官，引起红眼病、咽炎、支气管等疾病高发，甚至会引起肺病、肺气肿及死亡。酸雨的间接作用主要通过污染水体、土壤使重金属进入人体，诱发阿尔茨海默病和癌症。

　　酸雨会腐蚀建筑物、机械和市政设施。对一些非金属（混凝土、砂浆、灰沙砖）的建筑，酸雨能使其表面硬化，水泥溶解，出现空洞和裂缝，从而导致建筑物强度降低，带来损坏。

　　只有减少化石能源的使用，用清洁能源代替化石能源，才能让降水不酸，让"空中死神"不在，还人类美好的地球家园。

6 谁在消灭湿地？

在过去的100年，地球失去了一半的湿地。这相当于一个健康的人体，少了一颗肾。那么湿地为什么消失？湿地消失之后成了什么？

是因为人类活动直接或间接地让湿地面积越来越小。

随着人口的增加，住房、工农业生产对土地的需求也日益增加，因此湿地变成了耕地、城市建设用地、工矿用地等。由于湿地往往是在地势平坦或低洼的地方，水资源丰富，只要排干多余的水，就可以成为农田，用来种植粮食、经济作物；况且湿地中长年累月积累起来的腐烂的植物正好可以作为天然肥料。于是，人们把大量的湿地改造成了耕地。

20世纪50年代起，我国海岸全线开展围海造地工程，使我国沿海滩涂湿地急剧减少，到20世纪80年代末，全国围垦海岸湿地119万公顷，其中，81%被改造成农田，19%用于盐业生产。此外，还有100万公顷的海岸湿地成了城乡工矿用地，因此约有200万公顷的沿海湿地消失了，相当于沿海湿地总面积的一半。

人口的增加和工农业的发展，还让人类的生产、生活用水量不断增加，这使原本可以补充给湿地的地下水、河流水被大量地用于了生产和生活。水分得不到补充，让湿地不得不变得干涸。

　　此外，全球气候变化也加速了湿地的消失。绝大多数的湿地位于地球中低纬度的热带、亚热带和温带地区，全球变暖带来的干旱、降水量减少令湿地得不到充分的水补给，逐渐变得干涸。

　　湿地面积的减少加上湿地污染和人为破坏湿地生物资源等问题，使得湿地蓄洪防洪能力降低，气候的调节功能萎缩，净化污水的功能减弱，湿地生态系统严重破坏，生物多样性受损。湿地的保护工作，刻不容缓。

　　在经过对水文条件、地形地貌条件、土壤条件及生物因素等各方面进行调查、评估和监测后，得出部分受损湿地可以得到恢复和重建的结论。目前，一些发达国家已经开始实施湿地恢复计划。美国佛罗里达州在 2000 年提出了《大沼泽地综合修复规划》，计划实施30 年以上，恢复大沼泽地的历史水文情势，以及鱼类或野生动物的栖息地功能。

　　保护湿地，不是一个国家或一个地区的事情，需要全世界人民一起合作，所以才有了《湿地公约》的签订，有了每年 2 月 2 日的"世界湿地日"，让全世界的人共同意识到湿地面临的问题，一起联合起来保护湿地。

⑦ 谁让大海变红了?

　　你印象里的大海是什么颜色的? 蓝色的? 黄色的? 也许你在一些海岛看到过蔚蓝色的大海, 也许你也看到过黄海近海域因泥沙较多而呈现的黄色大海, 可是, 你看到过红色的大海吗? 大海为什么会是红色的呢?

　　不要以为红色的大海是一种多么美好的景象, 那是由海洋中海藻家族里的赤潮藻在特定环境下暴发性增殖引起的, 是海洋生态系统中一种异常的、有害的生态现象, 我们称之为赤潮, 也叫红潮, 国际上也称它为"有害藻类"或"红色幽灵"。赤潮并不是仅仅限于赤潮藻的急剧增殖, 全球已报道的引起赤潮的浮游生物有 300 多种, 在我国记录的就有 100 多种。由于引发赤潮的藻类在种类或数量上的差异, 因此有时赤潮也会呈现黄色、绿色或褐色。

赤潮是在生物、化学、物理等环境因素综合作用下引发的，不同的海域有不同的赤潮，因此引发赤潮产生的确切原因至今尚无定论。目前普遍认为，海水中营养元素过多是赤潮产生的物质基础。正常情况下，海洋中营养盐含量较低，这就限制了浮游生物的生长，但当人们生产生活及农业养殖等产生的污水进入海洋，带入大量的营养物质，藻类等浮游植物就有了快速生长的物质条件。

水文气象和海水理化因子，如水温、盐度、日照等因素是导致赤潮发生的重要原因。此外，海运业发展、引入外来有害赤潮生物种类也是诱发赤潮的因素之一。

海洋中的生物，都是互相依存、互相制约的。正常情况下，海洋的生态系统处于动态平衡。当赤潮发生时，引发赤潮的生物暴发性增殖，海洋的生态平衡就被打破。大量的赤潮生物聚集于鱼的鳃部，使鱼类窒息而死。在赤潮后期，赤潮生物死亡后的遗体需要大量溶解氧进行分解，也会致使鱼类及其他生物缺氧而死。有些藻类则会分泌毒

素，使鱼、虾、贝类等中毒，一旦人类食用了这些累积了毒素的海鲜，易引起人体的中毒，严重的会导致死亡。

随着海洋污染日益加剧，赤潮灾害也日益加剧。世界上已有30多个国家和地区受到赤潮不同程度的危害。希望我们人类能不断提高环保意识，减少海洋污染，提高赤潮防治技术水平，还海洋生物一个安全的家园。

8 我们会吃垮海洋？

　　酱香海螺、葱爆皮皮虾、蒜烤生蚝、清蒸大龙虾……是不是说的口水都要流下来了？绝大多数的"吃货"都爱海鲜吧，全世界那么多人爱吃海鲜，你有没有想过有一天我们人类会把海里的海鲜吃完了呢？

　　吃垮海洋，绝不是一句玩笑，是很可能会发生的一种后果。海鲜，味道鲜美，富含营养物质，受到越来越多的人的喜爱。在过去的半个世纪，全球的水产需求增加了 5 倍，全球人均海鲜年消费量是 19.7千克。我国是全球最大的海鲜消费国，人均年海鲜消费量从 1993 年的 14.4 千克增长到了 2013 年的 37.9 千克。

　　如此庞大的消费量，已经让海洋这个"海鲜供应商"供不应求了。作为渔业资源的海洋生物有 90% 处于过度或充分捕捞状态，而"一网打尽"之类破坏性的捕捞方式，不仅将尚未长大的幼鱼一并捞起，还会破坏珊瑚礁、海草床等鱼类产卵哺育的栖息地。因此，在过去的30 多年里，全球海洋物种种群数量至少下降了 36%。

　　以蓝鳍金枪鱼为例，它肉质鲜美，虽然价格高昂，但不少人还是争相购买，致使其被过度捕捞。如今，太平洋蓝鳍金枪鱼已被列入濒

危物种，大西洋蓝鳍金枪鱼已经资源枯竭，比熊猫更加濒危。而捕捞金枪鱼，一般采用的是浮延绳钓的方式，那是一种可以延绵几十千米的捕捞方式，易吸引鲨鱼、海龟、海鸟等生物，造成误捕。

也许你会说，既然野生的渔业资源过度捕捞，那就养殖吧。的确，水产养殖是一项不错的可替代选择，但并不是所有的水产养殖都是可持续的。如今很多养殖业的养殖，并不是从鱼类交配产卵开始，而是将野外的幼鱼圈起来，以大量的野生鱼类做饵料，只养不殖，这只会加剧海洋渔业资源的枯竭。不当的养殖方式还可能带来水体污染、植被破坏。例如，饵料中过多的营养物质会造成水体的富营养化污染，热带的养虾业可能会破坏红树林等。

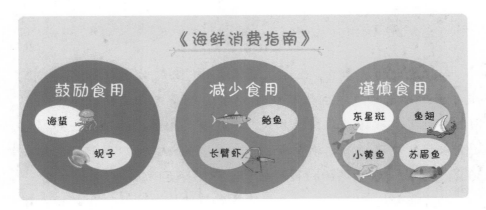

　　那么，难道我们就不能吃海鲜了吗？不，只要我们科学合理地消费海鲜，海洋是不会被我们吃垮的。世界自然基金会（WWF）根据海鲜的野生种群状况、捕捞方式、养殖方法等各个方面进行评估后，发布了《海鲜消费指南》，给出了"鼓励食用""减少食用""谨慎食用"的海鲜目录。我们可以根据这份指南，用海蜇、蚬子等鼓励食用的海鲜类代替葛式长臂虾、鲐鱼等减少食用类和东星斑、鱼翅、小黄鱼、苏眉鱼等谨慎食用的鱼类一解海鲜之馋。另外，WWF还鼓励购买和食用带有ASC和MSC认证标识的海鲜，因为这两种标识意味着可持续捕捞或养殖，即使是谨慎食用名单里的海鲜，只要有这两种标识，你也可以放心食用。

　　只要我们科学合理地消费海鲜，海洋是不会被我们吃垮的，能不能让海洋"年年有鱼"，决定权在你！

9　海上的油污从哪里来？

　　图中的海鸟满身被油污包裹，它扑腾着翅膀，却无法高飞觅食，油污像一层无法剥离的厚外套套在它身上，它的羽毛结构遭到了破坏，不再保暖，等待它的，只有死亡。海里的油污从哪里来？除了海鸟，是不是还有其他生物也遭到了油污的迫害？

　　海上的油污主要是由在海洋石油勘探开发和船舶运输过程中造成的泄漏产生的。油污漏到海中，会在海面上迅速扩散，隔离海水和空气中氧气的交换。油污会直接覆盖于海鸟、海兽的毛皮上，令其失去防水和保温作用，还会堵塞它们的呼吸和感觉器官，造成死亡。随着风浪的作用，一部分油会和水形成油水，要完全氧化这样的油水，需要消耗水中大量的氧，因此海中许多海洋生物就会因缺氧而死。

1989 年，美国埃克森·瓦尔迪兹号邮轮在阿拉斯加州美国、加拿大交界处的威廉王子湾附近触礁，泄漏超过 800 万加仑（约合 3028 万升）原油，形成一条宽约 1 千米、长约 800 千米的漂油带。这给原本鱼类丰富、海豹海豚成群的海湾造成了灾难性的危害，约 28 万只海鸟、2800 只海獭、300 只斑海豹、250 只白头海雕及 22 只虎鲸因此而死亡。虽然事故发生距今已有近 30 年了，但是其影响并没有结束。该地区一度繁盛的鲱鱼产业在 1993 年彻底崩溃，至今未恢复；大马哈鱼种群数量始终处于相当低的水平；而原本栖息于此的小型虎鲸群体濒临灭绝。

不要认为油污只是危害了海洋里的生物而已，作为食物链顶端的人类，也会受到影响。燃油溶解后的分散状态和乳化状态都会产生一些有毒物质，在毒害海洋生物的同时，也会影响食用者的健康。

知识链接

一旦出现漏油事故，政府一般都会采用油围栏、撇油器、水面浮油回收船等方式进行处理。在美国路易斯安那州的一家慈善机构"Matter of Trust"号召人们将理发店的头发收集起来，送到指定地点，统一投入海中，用于吸收浮油。据估计，每千克头发可以吸收大约 10 升原油。

⑩ 谁是海洋里的 PM2.5 ？

每年的秋冬季节，雾霾严重，我们备受空气中PM2.5（细颗粒物）的困扰。你可知道，如今的海洋中也有这样细小的颗粒物了。它们是哪里来的？难道是空气中的细颗粒物落入海洋中的？

被称为海洋里的PM2.5的物质，它们有自己的名字——"微塑料"，并不是空气中的PM2.5进入海洋，而是来源于人类丢弃于海洋中的塑料垃圾。

塑料垃圾是一种难以降解又数量巨大的垃圾。据报道，到2050年，全球仅塑料垃圾的累计总量或将达到120亿吨。这么多的塑料垃圾，其中的一部分就进入了海洋。仅2014年，有报告测算出海洋塑料大约有2.5亿吨。

塑料垃圾进入海洋后，对海洋中的动物构成了巨大威胁。一些丢弃的渔网、鱼线、包装袋等大型塑料垃圾会缠绕海洋动物，直接导致它们受伤或死亡；另一些塑料垃圾，则会被海洋动物误以为是食物而吃进肚子里。例如，海龟会误将塑料袋当成水母吞入，导致肠胃堵塞无法进食，最后被活活饿死。

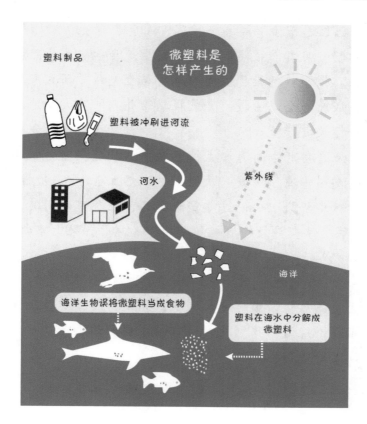

部分塑料垃圾在太阳照射和海浪冲击下，缓慢分解成塑料碎片及颗粒直径小于5毫米的微塑料。海鸟、海鱼等动物吞食后，由于塑料制品在动物体内无法消化，会引起胃部不适、行动异常、生育繁殖能力下降，时间久了就会死亡。有记录表明，已经有200多种生物吃过塑料，仅2013年，海洋里的塑料垃圾就造成了150万只海洋动物死亡。

微塑料还为一些细菌、病毒提供了栖息地和聚集地，加上其本身的化学物质，一些生物吞入后，就会积累体内的毒素。通过食物网，一些更高级的生物或者人类食用了这些海洋生物，对身体健康也会带来影响。

　　微塑料已经遍布于海洋各个角落，从赤道到极地，从海面到海底，海水、沉积物、贝类、鱼类、鸟类，甚至是食盐中都已经检测到了微塑料的存在。微塑料污染已被列入环境与生态科学研究领域的第二大科学问题，成为与全球变暖、臭氧耗竭等并列的重大全球环境问题，可见微塑料污染之严重。

　　我们能为这些可怜的海洋生物做些什么？减少塑料制品的使用！我们使用的塑料中有50%是一次性的，一次性餐具、一次性塑料水杯、外卖包装盒、塑料袋……而这些塑料制品，往往可以用其他材质的物品取代。每年全球塑料袋的消耗量是5000亿个，如果大家都用环保袋、布袋来代替呢？

　　当然，我们不可能不用塑料制品，对于那些必须使用的塑料制品，如果成为废弃物后，请做好分类回收，如饮料瓶、塑料玩具等，投入可回收垃圾箱，经过回收利用，再作用于我们的生活，而不是成为一种垃圾，危害地球环境。

第三章　合理用水

① 什么是水利工程？

听说过长江三峡、坎儿井、南水北调、黄河小浪底吗？是不是都和水有关呢？有什么用途吗？它们都属于水利工程，兴修水利工程是为了控制和调配自然界的地表水和地下水，从而实现除害兴利的目的。

不同的水利工程，兴修的目的不同，有的是为了防洪，有的是为了发电，有的是为了农业灌溉，还有的是为了保持水土等。如今也有很多水利工程集合了防洪、发电、灌溉、航运等多种服务目的，一般称为综合利用水利工程。

长江三峡水利工程就是一个集防洪、发电、航运等多种功能于一体的综合性水利工程，是世界上最大的水利枢纽工程。

三峡工程首要目标是防洪。历史上，长江上游洪水频发，每次遭遇特大洪水，长江的荆江河段都要采取分洪措施，淹没乡村和农田来保障武汉的安全。而三峡工程的修建，利用水库的调蓄功能，能使荆江地区抵御百年一遇的特大洪水。

三峡工程的经济效益则体现在发电上。截至 2018 年 7 月底，三峡水电站累计发电达 1.14 万亿千瓦时，相当于 2017 年全国发电量的 1/6。强大的电流源源不断地输入华东、华中和上海、浙江、广东等南方十省市，大幅缓解了各地用电紧张的局面。

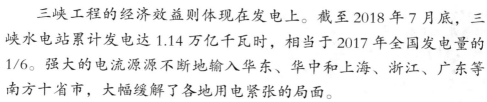

此外，在三峡水库蓄水前，素有"自古川江不夜航"一说，川江航道搁浅、触礁、翻船事故频发，万吨级船舶到不了重庆，每年的运输量也小。而三峡几次蓄水改善了川江航道，万吨级船舶可以从武汉直达重庆，年单项通过能力由 1000 万吨提高到 5000 万吨。

水利工程不是一项现代的"发明"，在历史的长河里，我国古人就曾兴修不少著名的水利工程，如防洪的海塘、灌溉用的坎儿井、航运的京杭大运河等。

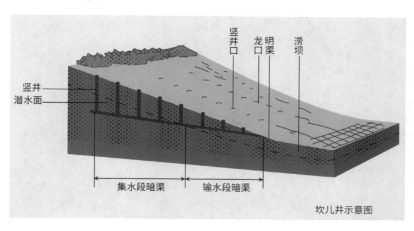

坎儿井示意图

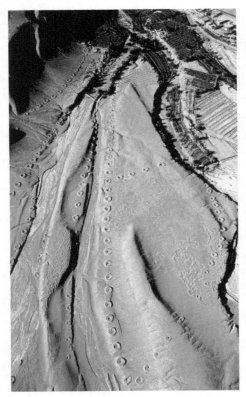

坎儿井是新疆吐鲁番地区为解决荒漠地带农业灌溉而建的，与万里长城、京杭大运河并称为中国古代三大工程。坎儿井存在于山麓、冲积扇缘地带，由竖井、暗渠、明渠和涝坝组成。竖井主要是为了挖渠和维修时出入用，暗渠是主体，明渠指暗渠出水口至农田之间的水渠，涝坝则是暗渠出水口的小蓄水池。春夏时节大量的积雪和雨水沿山坡流下，人们就利用坎儿井引地下潜流灌溉农田。

② 水还能变成能量？

奔腾的黄河水、声势浩大的大瀑布、波涛汹涌的大海总能给人一种波澜壮阔、威力无穷的感觉。而事实上，水的确可以产生能量，成为一种几乎无穷的能源。

我们人类利用蕴藏在水中的能量已经有几千年的历史了。以中国古代的水车磨坊为例，水在高处具有势能，从高处往下流时，势能转化为了动能，动能冲击、推动叶轮，使之转动，通过动力轴、齿轮等带动石磨工作。

听说过水电吗？它就是利用水能来发电。大多数的水电站都是建造一个大坝将水面抬高，使河流被阻断形成一个巨大的水库，水库中的水通过大坝下落时，势能转化为动能，水流冲过涡轮机，动能转化为电能发电。

目前，全世界有 1/5 的电是通过水能生成的。水电站发电的过程中，不产生化学变化，没有有害物质排出，因此水能是一种可再生的清洁能源。与太阳能、风能等清洁能源相比，水能更加稳定。而通过水电站发电，成本低，还可以与防洪、航运、旅游等结合形成综合利用水利工程。美国的胡佛水坝阻拦了科罗拉多河，形成了美国最大的水库，该水库不仅可供发电，还确保了该地区的供水，满足了周围农田的大量用水。当然，建立水电站，尤其是大型水电站，或多或少会对自然生态环境产生影响，因此，修建水电站也需要在经济、生态和社会效益方面统筹兼顾。

　　比河流还壮阔的海洋当然也能产生能量。海水的涨落和潮水的流动所产生的能量就是潮汐能。涨潮时，汹涌的海水有着巨大的动能，随着海水水位升高，动能转化为势能；落潮时，海水水位下降，势能又转化为动能。只要潮汐的幅度够大，海岸的地形允许储存大量海水，且可以进行土建工程，那就可以利用潮汐进行发电。我国的潮汐发电量仅次于法国、加拿大，居世界第 3 位。

　　除了潮汐能，海洋还蕴藏着波浪能、海流能、海水温差能、海水盐差能等。人类从 100 多年前就开始设法在海洋中获取电力，而今国内外也依然在积极研究从海洋中获取电力。也许有一天，海洋会成为最大的能源供应者。

③ 什么是人工降雨？

炎炎夏日，连日高温闷热，一滴雨都没有，眼看着大旱来袭，庄稼又将颗粒无收，人们叫苦不迭。遇到这种情况，要是在古代，很多皇帝可能就会像《西游记》里曾描述过的一样，请国师开坛做法求雨了。但是如今我们有了人工降雨这项技术，求雨不再遥不可及。

人工降雨并不是将水从天上洒下来，它依然是根据自然界降水形成的原理，通过人工手段催化降雨。自然界的降水是由于水汽上升时遇温度降低而凝结成水滴或冰晶飘浮于空中形成云，云滴不断凝结增大，最后降落下来。人工降雨就是利用催化剂降低云层中的温度，使水滴迅速凝结、合并增大，从而使云层降水或增加降水量。

根据云的性质不同，采用的催化剂也不同。暖云的催化剂是盐水，冷云的催化剂是干冰和碘化银。撒播催化剂的方式也很多，一般采取驾驶飞机在云中撒播、用火箭或高射炮把碘化银射入云中或在地面燃烧碘化银焰剂等方式。

人工降雨并不是任何时候都可以进行的，它也需要有一定的实现条件。一般来说，只有在自然云已经降水或接近降水的条件下，人工降雨才能成功。目前的技术只能实现让这类云成功降水或增加降水量，换句话说，我们只能实现人工降水或人工增雨，而不能人工造雨。

人工降雨可以解除或缓解农田干旱，增加水库灌溉水量或供水能力，对保障农业发展有重要作用。我国第一次成功实现人工降雨就是为了缓解 1958 年吉林省 60 年未遇的大旱。另外，人工降雨在消防上也有积极的意义。在扑灭 1987 年大兴安岭的特大森林火灾中，人工降雨就起到了巨大作用。

④ 为什么要节约用水？

在我们的生活中，经常被呼吁要节约用水。可是，地球不是个大水球吗？地球上这么多水，为什么还要节约用水呢？

事实上，地球虽然是个大水球，但我们生活中饮用、使用的水是淡水，淡水仅占地球总水量的 2.53%，约 0.35 亿立方千米。在这 2.53% 的淡水中，大部分是以冰雪的固态形式存在于南北两极、高山冰川、大陆冰盖和永久冻土中，很难开发利用，加上很难开采利用的深层地下水，如今我们人类能利用的淡水仅占全球淡水总量的 0.34%。我们能利用的淡水资源仅是河流、湖泊和浅层地下水，总量约是全球总水量的十万分之七。看到这样的数据，你还敢说我们不缺水吗？

淡水资源不多，分布也不平衡。我国是一个水资源大国，年均水资源总量居世界第 6 位。但我国依然是一个严重缺水的国家，据 2012 年的统计，我国人均水资源占有量只有 2007 立方米。2015 年，全国 657 座城市中有 400 多座城市缺水，其中严重缺水城市 128 座。

尽管水资源有限，但浪费水的现象却依然普遍。刷牙时不关水龙头，洗手涂肥皂时不关水龙头，水龙头、马桶储水箱漏水没有及时修复，洗澡水尚未热前让水管中的凉水白白流走，使用"自来水常流法"解冻肉类、海鲜等，用抽水马桶冲走烟蒂等细碎废弃物，洗衣服、洗拖把时在脸盆、水桶或水槽中长时间用水冲……相信这样的现象你一定遇到过。

如何节约用水、提高水资源的利用率是解决水资源短缺的重要环节。科学家、技术人员致力于研究实施污水治理、海水淡化等技术性的手段来缓解水资源短缺的威胁，而我们每个人能做的，也是最容易做到的，就是节约每一滴水。

养成良好的家庭用水习惯。刷牙时、洗手涂肥皂时关紧水龙头；淋浴时专心洗澡，抓紧时间，不要悠然自得，一心二用。

一水多用。鱼缸换下的水、剩茶水、淘米水可用来浇花；用一个大水桶收集洗菜、洗脚、洗衣服的水，用于冲厕所。

学习一些节水的小窍门。马桶的储水箱过大，可以在水箱中放一块砖头或者一个装满水的大可乐瓶；洗油腻的碗、盘前，先将油污擦掉也能节省洗碗的用水量。

5　海水能够变淡水吗？

　　海水是一种咸水，而且总量巨大，而我们生产生活所需的绝大部分都是淡水，水资源紧缺。如果能够把海水变淡，为人类所用，会是缓解水资源严重不足的一项大突破。事实上，海水淡化技术已经不是梦想，它正快速发展并日渐成熟。

　　海水淡化就是使海水脱盐生产出淡水。16 世纪，欧洲的探险家们在航海旅行中，在船上用火炉加热海水，产生的水蒸气冷却后成为淡水。这是日常的生活经验，也是海水淡化技术的开始。现如今，海水淡化的技术已经有蒸馏法、电渗析法和反渗透法等 20 多种。

　　海水淡化实现了水资源利用的开源之法，可以增加淡水的总量，是解决全球水资源危机的重要途径。海水淡化的水质好，且不受时空、气候等影响，供量稳定，给沿海居民提供了饮用水和农业用水。此外，有时还能提取生产出盐为人们所用。

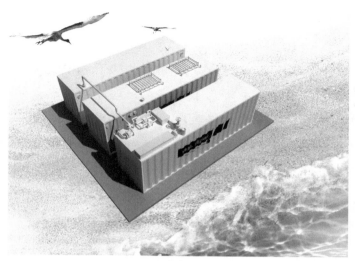

随着海水淡化技术不断发展，如今一座现代化的大型海水淡化工厂，每天能生产几万甚至几百万吨淡水。到 2006 年，全球已有 120 多个国家和地区在应用海水淡化技术，每天全球海水淡化产量约 3775 万吨，其中 80% 用于饮用水，解决了 1 亿多人的用水问题。另外，利用海水淡化技术，全世界每年从海洋中提取盐 5000 万吨、镁及氧化镁 260 多万吨、溴 20 万吨。

淡化水的成本在不断下降，一些国家甚至已经降至接近自来水的价格，淡化水量也接近一些地区的供水规模。相信随着科学技术的进一步发展，海水淡化一定能够大规模地解决沿海甚至内陆地区人们的用水问题。

⑥ 什么是中水？

生活中，我们常常洗完手后，看着水从下水道流走了。你知道污水进入下水道之后，又去哪儿了吗？在一些建有中水系统的建筑中，这样的污水经过处理净化后将再次为我们所用。

在一个小区或确定的大型建筑系统内的污水经过处理后达到一定水质标准、可在一定范围内重复使用，这样的非饮用水，就叫作中水。自来水也被叫作上水，排入管道内的污水则被叫作下水，而中水的水质介于自来水和污水之间，所以被称为中水。

中水，给城市供水开辟了第二水源，中水的广泛应用可满足城市部分领域的用水需求，缓解水资源短缺的问题。在美国、日本、以色列等国家，中水被大量用于厕所冲洗、园林与农田灌溉、道路清洁、城市喷泉、洗车等方面，极大降低了自来水的消耗量。

此外，中水还在一定程度上减少了污水对水源的污染问题，起到了保护水源的作用。20世纪80年代以来，我国城市污水的排放量快速增加，而污水处理率却增长缓慢。因此，一部分污水处理成中水再次使用可以有效地减少污水对水环境的污染。

中水回用已经成为世界上不少国家解决水资源不足的战略性对策，满足或部分满足了由于缺乏水资源而被限制发展的城市需求，取得了良好的经济效益和社会效益。

以色列是一个严重缺水的国家，人均年水资源占有量仅为476立方米，但它依然能保持经济高速增长，这和以色列堪称世界第一的中水利用是密不可分的。从以色列全国的用水需求量上看，农业用水需求占有很大比重，而农业灌溉对水质要求较低，因此以色列全国污水处理总量的46%直接回用于农业灌溉，其余的33.3%和约20%分别回灌地下和排入河道，最终又被间接回用于包含灌溉在内的各个方面。

随着城市建设的不断发展，相信中水设施系统将更广泛地运用于小区和各大建筑中，更多的可利用污水将被再次利用，从而缓解水资源短缺和水污染严重两大水问题。

7 北极的海冰会消失吗？

一提起南极和北极，给人的印象就是冰天雪地，寒冷至极。然而，2018年的夏天，北极圈内的温度却出现了30 ℃以上的高温。可想而知，这会让北极的海冰融化得有多快。那么，会不会有一天，北极的海冰融化完了、消失了呢？

引起海冰融化的主要原因是全球变暖，北半球的暖化速度更是快于全球水平。自1951年以来，北极格陵兰岛的平均气温升高了1.5 ℃。可不要小看了这1.5 ℃，它悄悄地改变了北极的海冰。

过去的 40 年，北极夏季的海冰面积减小了一半，只剩下约 350 万平方千米。此外，冰层的厚度不断减小，冰龄日趋年轻化，冰面融池增多，加速了海冰在夏季的融化。有气象学家预测，2040 年夏季之前，北冰洋上的冰层有可能完全消失，这比 10 年前预测的倒计时提前了 60 年。

这一切的罪魁祸首是谁？是我们！人类活动排放了大量的温室气体，这是全球变暖的主要原因。在过去的 50 年里，人类工业化水平飞速发展，汽车、飞机等数量翻倍增长，燃煤发电站、工厂不断增加，煤、石油等化石能源消耗量日益增长，排放了大量的二氧化碳等温室气体，让地球变暖了。

如果北极的海冰消失了，会有什么严重的后果？北极一直被称为"地球的空调"，海冰的消失会导致空调失调，对全球气候产生重要影响。近几年亚欧大陆冬季冷冬频繁的原因之一就是北极的冰雪融化。另外，北冰洋上不再有冰，直接关系到北极生物的生死存亡。以北极熊为例，冰层是它们捕捉猎物的辅助工具。它们会守在冰层上等待透过冰洞透气的海豹，伺机捕获。如果没有了冰层，它们便无法捕到海豹，只能靠小型鱼虾为生。此外，没有冰层可供北极熊休息，长时间地游泳会将北极熊体力耗尽。没有冰的北极环境，很可能让北极熊无法生存下去。

北极的海冰面积已经变小了，还有没有可能再逆转呢？有资料表明，相比 2007 年，2008—2010 年北极海冰面积连续 3 年出现增加，但到 2011 年又明显减少了。因此，业界一直对北极海冰未来演变趋势持有两种截然不同的观点，一方认为海冰减少是不可逆的；另一方则认为那是气候系统自身年代际的变化造成的，是可以恢复的。

我们当然希望北极的海冰不会消失，只是阶段性的。但不断缩小的海冰面积一直在警示着人类，减少温室气体的排放，迫在眉睫！

8 如何防治水污染？

从池塘到海洋，从地表水到地下水，从湿地到江河，水污染已经无处不在，防治水污染，最大限度地减少水污染带给我们的危害已经是迫在眉睫的事情了。

所谓防治水污染，指的是对水污染的预防和治理。预防，就要从水污染的源头上控制。水体污染物的主要来源就是工农业排放的废水。因而，工业的发展要坚持走可持续发展道路，推行清洁生产和循环经济，要争取工业用水量和废水排放量的零增长，以及有毒有害污染物的零排放。规范农药、化肥的使用，防止因滥用农药、化肥带来的水体污染。

而治理水污染，需要减少和消除污染物排放的废水量，控制废水中污染物的浓度，对水体污染源进行全面的规划和综合治理；需要加大城市废水处理的力度，提高污水回收利用率；需要加强饮用水源的保护，切实保障人们的饮用水安全。

水污染的防治需要国家和企业坚持预防为主、保护优先、防治结合、综合治理的原则，那每一位社会公众又能为水污染的防治做些什么呢？在生活中，避免污染水体、破坏水生态与水环境的行为，节约

用水，保护水资源。外出时不在河道、海边等水域随意丢弃垃圾；使用绿色环保的清洁产品，不用含磷的洗涤剂，以免给水体带来富营养的负担；做好垃圾的分类回收，尤其是药品、化妆品等有害垃圾，以免随意丢弃造成水体污染。此外，生活中做到低碳节俭，也是一种对水环境、水资源的保护。例如，节约用纸，因为造纸也会排出大量的废水。

除了自身在生活中各个方面节约用水、保护水环境外，对于破坏水生态、污染水环境等不法行为也需要我们每位公民监督举报。如果发现个体或企业组织有污染环境或破坏生态环境等行为时，可以拨打12369环保举报热线电话，向各级环境保护部门举报，要求依法处理破坏环境的行为。

此外，公众还可以积极组织、参与围绕水环境保护工作展开的调研、咨询、建议、宣教等活动，让更多的人了解水环境保护，参与保护水资源、防治水污染的活动。

9 国外如何治理水？

水问题并非我国特有的问题，全球有不少国家也和我们一样面临着水资源短缺、水污染严重等问题。一些发达国家非常重视水问题，经过先进的治水技术和适宜的治水政策，在解决水问题方面颇有成效，值得我们学习和借鉴。

美国纽约市也曾水污染严重，1974年以前，有大片的水域被定级为最差等级。面对水污染，纽约市采用了一系列措施改善水质，取得了令人满意的成效。

纽约市规定排污企业在排放污水前必须对污水进行预处理，清除有毒物质。一旦在港口水域发现芳烃碳氢化合物、汞、多氯联苯和其他有机化学成分，纽约市环保局就会立刻追查污染源头，帮助企业安装或改进污水预处理设备。为了防止四氯乙烯这类污染物大量排入水域，对于干洗店这类重点排放单位实行重点监管，实行了发放排污许可证、明确排污指标、定期检查污水预处理设备运行等措施。

纽约市和很多老城市一样，生活污水和雨水共用一条排水沟管。这样一来，雨季来临，污水处理厂负荷巨大，污水管道水满为患，经常出现污水溢流的情况。对此，纽约市斥巨资解决该问题。在没有排

污管的地方单独安装排污管；在受污水溢流影响严重的海湾和支流建造大型蓄水箱，用于储存雨水；改进污水处理厂的处污能力，雨季对排污系统采取截流措施，控制污染。

城市生活用水越多，生活污水排放也就越多，因此，提倡节约用水不仅仅是为了缓解水资源短缺，更是缓解城市排污压力的一项举措。纽约市从 1989 年起实施了一项综合性节水计划。限制使用自来水冲洗人行道、浇灌草坪；安装电子漏水检测设备以免因漏水而产生大量耗水量；给消防栓上锁，防止人们自行取水；给市民、学生进行节约用水的宣传教育；新装 63 万个家用水表，改变水费计费方式，收取水费的同时，再收取排污费，计费方式为用水量的 159%。多种措施相结合，让纽约市的用水量在 10 年内日均减少 75.8 万立方米。

此外，纽约市还将污水处理过程中产生的污泥变废为宝，制成肥料。污水处理过程中会产生大量污泥，过去一般会把污泥倒入大海。在美国立法禁止污泥入海后，纽约市通过和企业合作，创造性地将污泥制成一种养分丰富、可回收利用的固体肥料，用于公园、草坪、高尔夫球场的土壤增肥。

　　纽约市如今有 14 家污水处理厂，污水管线约长达 9650 千米。多项污水处理措施相结合，让纽约市的污水处理成果显著。如今，纽约市水质不断改善，水中溶解氧含量增加，越来越多的水域已经达到可游泳的标准。

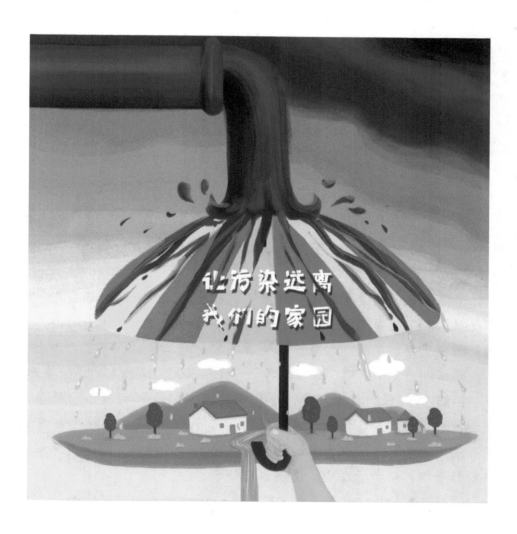

⑩ 什么是五水共治？

浙江省，古称"折江"，因境内最大河流钱塘江曲曲折折，犹如一个"之"字，又称"之江"。浙江省内，钱塘江、京杭大运河（浙江段）、瓯江、甬江、椒江等河网密布；西湖、千岛湖、东钱湖等湖泊星罗棋布。从古至今，浙江与水密不可分。浙江省，因水而名，因水而美，因水而兴。

"江南好，风景曾旧谙。日出江花红胜火，春来江水绿如蓝。能不忆江南？"这是白居易离任杭州时写下的诗，描绘了江南的山美水美。但随着经济的快速发展，水资源丰富的浙江居然出现了"江南水乡没水喝""青山依旧，绿水不再""清澈河流变浑浊"的尴尬情形。

2013年年底，浙江省委、省政府发出了"五水共治"动员令，即治污水、防洪水、排涝水、保供水、抓节水。说是"五水"，其实准确地说是三种水和水资源的两种管理模式。三种水，指的是污水、洪水和涝水，两种管理模式是供水和节水。

"五水共治"，就像手的5根手指。治污水是排在第一位的大拇指。对污水，人们感官直接，深恶痛绝；治污水，最能带动全局，最能见成效。防洪水、排涝水、保供水和抓节水就像剩下的 4 根手指，5 指分工有别，和而不同，握起来就是一个拳头。以重拳出击，势要打赢治水这场战役。

　　通过"河长制"层层负责治理河水污染问题。河长，就是各级党政主要负责人，一条河确定一名河长，河长下面再设分河长。根据河道情况，一般建有省级、市级、县级、乡镇级共四级河长，负责辖区内河流的污染治理。河长需要根据河道的具体情况，制定实施河道治理工作方案，监督检查治理工作开展情况，组织开展治理工作的考核，应对协调治理过程中的问题等。

　　除了河长制，同时开展污水管网建设、污水处理设施建设，关闭部分印染、造纸、化工等重污染企业，农村生活污水生态化处理等各项污水防治工作。

　　各地积极开展治理污水的同时，防洪水、排涝水、保供水和抓节水工作也有条不紊地在同步开展。以杭州市为例，加固钱塘江、苕溪、山塘水库等堤坝防洪水；扩建排涝骨干工程，推进住宅小区、重点道路积水治理；提高城市供水抗风险能力，建成杭州市第二水源千岛湖配水工程和杭州市闲林水库备用水源工程；建成雨水回收项目 7 个，确保居民家庭节水器普及率达 100% 等。

经过近 5 年的治理，浙江的水质变好了，水环境也改善了，污水治理成效也逐渐体现了出来。革命尚未成功，我们期待着浙江处处能呈现出江南那"春来江水绿如蓝"的美景。

第四章　健康饮水

1 人不喝水能活多久？

感冒发烧的时候，医生通常会让我们多喝水。水对我们真的这么重要吗？人如果不喝水能活多久呢？

有人说，人是水做的。这句话，并没有说错。因为人体约60%的重量都是水。成年男性体内水分约占体重的60%，成年女性体内水分约占体重的50%，而幼儿体内的水分则占体重的70%。男性和女性体内含水量的差距主要是因为男性肌肉含量比女性多，而肌肉组织的含水量为75%，因此男性体内的水比女性要多。

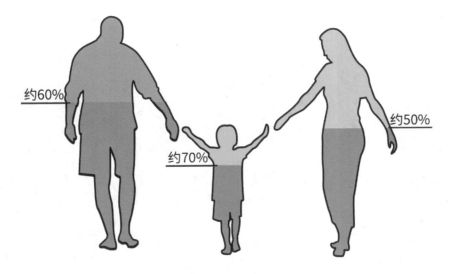

人体所有的生命活动都离不开水。人体内流淌着的血液，不仅负责将人体所需的营养成分输送到各个器官，维持生命的正常运转，还肩负着与疾病斗争、修补受损皮肤的重任。如此重要的血液，约83%的组成部分是水。胃里面的水——胃液，含有消化酶，有助于分解食物。在食物进入肠道后，胃液仍然可以继续消化分解食物。在肠道里，水是负责运送食糜的中间载体。此外，水也是细胞、血液、人体废弃物的媒介。

水在人体中还起到润滑作用。人就像一部机器，能活动的地方都需要润滑剂，水就充当了这种润滑剂。例如，骨膜分泌出的关节滑液，能够润滑关节，减少活动时关节磨损，保护骨骼。同时，水也滋润着我们的眼睛、黏膜和皮肤，让我们感知、感受这个世界。

水还起到调节体温、排除毒素的作用。当天气炎热时，人类通过排汗，带走人体热量，起到降温的作用。发烧时需要多喝水，就是因为多喝水多排汗才能带走高温，起到退烧的作用。另外，水能溶解人体内一些有毒物质，让其随着水一起排出体外。这也是人们经常说的多喝水皮肤会变好、身体会变好的原因。

水维系着人的生命，人可一日不食，不可一日无饮。我们每天通过喝水和进食补充水分，通过出汗、排尿、排便和呼吸排出水分。当人体失水超过体重的 2% 时，会感觉到口渴。当这个数值达到 4% 左右时，人会处于中度脱水状态，出现严重口渴、心跳加快、体温升高等现象。随着缺水的加重，心血管、呼吸系统等问题会不断加重。如果一个人滴水不进，仅能存活 2～7 天。

② 纯净水、矿物质水、天然矿泉水和天然水有什么区别?

我们去超市买水喝,纯净水、矿物质水、天然矿泉水、天然水琳琅满目,你知道这些水都有什么区别吗?

纯净水,又称为纯水或净水,顾名思义,纯净至极,不含任何杂质或细菌。世界上并没有天然的纯净水,而是通过蒸馏、反渗透、离子交换、电渗析等加工方法去除了水中污染物、无机盐等各类杂质之后得到的。一般市场上卖的蒸馏水、太空水,都属于纯净水。如今有些家庭怕自来水不够干净,就用纯净水代替自来水长期饮用,其实这对人体健康非常不利。长期饮用纯净水,会降低人体免疫力,造成人体内部分营养物质的流失;尤其不利于儿童成长,易造成儿童缺钾、缺钙。

矿物质水是在纯净水的基础上添加了矿物质类食品添加剂而制成的。一般是以自来水为原水,经过纯净化加工后添加矿物质,再进行杀菌处理灌装而成。

　　不同于人工添加矿物质的矿物质水，天然矿泉水是指从地下深处自然涌出或人工发掘的、未受污染的地下矿水。地表浅层的水流经岩石层的时候，能将岩石中的一些矿物质溶解于水中，因此天然矿泉水含有一定量的矿物盐、微量元素等。有些人喜欢将天然矿泉水烧开再喝，事实上，天然矿泉水加热后，水中的钙、镁会生成水垢，从而使这些元素流失，对健康也没有好处。

　　我们生活中常见的瓶装的天然水是经过最小限度处理的地表水或地下形成的泉水、矿泉水、自流井水等。它除去了原水中极少的杂质和有害物质，保留营养成分和对人体有益的矿物质和微量元素。天然水呈弱碱性，是一种健康水。

　　不管你买的是哪种水，也不管是桶装水还是瓶装水，都要看清标签，选择合格放心的产品。开封后也要尽快喝完，才不易滋生细菌、影响健康。

3 自来水能不能直接喝?

夏天放学回到家,感觉到非常口渴,可是家里没有凉开水,也没有瓶装饮用水,等不及将自来水烧开冷却再喝了,能不能拧开水龙头直接喝自来水解渴呢?

自来水是否干净卫生到能直接饮用,这就得看一看自来水从家中水龙头里流出来之前曾经历了什么。通常自来水的来源是淡水河流、淡水湖泊等;河水、湖水等进入水厂首先会经历絮凝反应,就是在添加絮凝剂或混凝剂后,将有害物质集结起来,形成大颗粒;然后进入沉淀池,放置一段时间,进行沉淀分离,待分离掉泥沙等大颗粒后,进入过滤池,过滤掉水中的小颗粒物质;随后水会进入清水池,通过加氯进行消毒杀菌;最后通过城市的自来水管网流进我们每家每户。

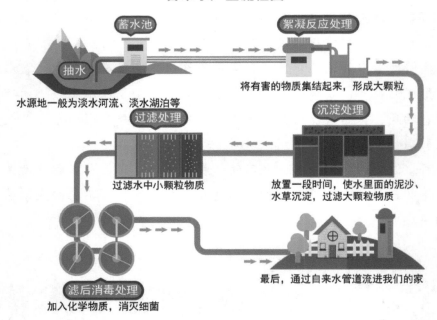

—— 自来水产生流程图 ——

蓄水池

絮凝反应处理

抽水

将有害的物质集结起来,形成大颗粒

水源地一般为淡水河流、淡水湖泊等

沉淀处理

过滤处理

过滤水中小颗粒物质

放置一段时间,使水里面的泥沙、水草沉淀,过滤大颗粒物质

滤后消毒处理

最后,通过自来水管道流进我们的家

加入化学物质,消灭细菌

　　经过层层过滤杀菌的自来水，基本已经符合水质标准，一般是安全的。但是，自来水的水质并未达到"直饮水"的标准。例如，自来水的细菌总数是允许每毫升水中不超过100 CFU（菌落形成单位），而国家对直饮水中细菌总数的规定是不可超过50 CFU。

　　另外，自来水从水厂到每家每户需要通过地下管网输送，有些还会在水箱储存，这期间经常会受到二次污染。为了防止自来水管网滋生细菌，国家水质标准要求自来水消毒后需含有余氯，这种余氯是对人体健康不利的。假如自来水的原水中有机物含量较多，在加氯消毒后会产生氯仿之类的卤烃化合物，这也是不利于人体健康的。一般情况下，余氯和卤烃化合物的含量都在符合国家水质标准范围内。所含的那一点余氯、氯仿等物质也可以通过煮沸这种简单而有效的办法来去除。

　　为了我们的身体健康，自来水还是需要烧开了才能喝。不过，放置时间过长的开水、隔夜重煮的开水、多次反复煮沸的开水、蒸煮后的蒸汤水等也不宜喝，因为这些水中的有益元素被破坏了，由于水分的蒸发，还可能增加有害物质，危害人体健康。

④ 软水和硬水有什么差别？

水难道还分软硬？难道固体的水是硬水，液体的水是软水？非也非也，此"软硬"非彼"软硬"。

水是一种很好的溶剂，在与地面或地下的土壤或矿物质接触时，会溶解不少杂质，因此水中经常含有可溶性的钙、镁化合物。硬水就是指含有较多可溶性钙、镁化合物的水，而软水则是不含或很少含可溶性钙、镁化合物的水。自然界中的雨水和雪水属于软水，部分地下水属于硬水。

世界卫生组织以"1升水中的钙离子和镁离子的质量"为标准，对水的硬度进行了分类。

水的硬度分类

分类	软水	中软水	中硬水	硬水
硬度 （毫克／升）	（0，60］	（60，120］	（120，180］	＞180

软水和硬水，哪个更好呢？这就不能一概而论了。日常生活中，软水不易产生水垢，因此使用软水不会使卫浴、餐具等发黄生垢；也能减少热水器等用水设备因水垢阻塞水管等引起的损坏问题。使用软水洗涤可以使衣物柔软、色泽如新，还能减少洗衣粉使用量；硬水洗衣服则易使衣物变硬。

软水泡茶、咖啡的口感也比硬水要好，但口感好并不意味着健康。国外的生物医学实验证明，适度饮用硬水有益健康，因为硬水束缚住了铅、镉等有害成分，降低了人体对它们的吸收。

　　那如何鉴别家里的水是软水还是硬水呢？最简单的就是在一杯水中，加入肥皂水，搅拌过后水面出现泡沫较多的是软水，产生浮渣较多的是硬水，并且浮渣越多代表着水的硬度越大。由于硬水中含有较多的可溶性钙、镁，因此也可以通过将水放在烧杯中加热来辨别，在杯壁留下较多水垢的就是硬水。

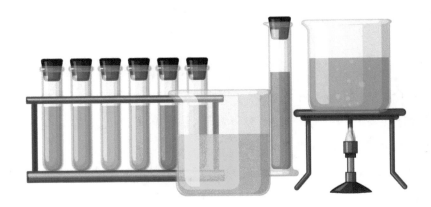

⑤ 哪些疾病与饮用水有关？

病从口入，喝进去的水会不会引起疾病呢？如果饮用水的水质不达标，当然有可能会引起疾病。

自然界的水中往往含有病毒、藻类、部分寄生虫、原生动物等微生物，若不经处理就饮用这类水，则易引起肠胃炎、寄生虫病或者因藻类中毒。但只要水温达到 100 ℃，水中绝大部分的微生物就能被杀死，因此喝开水能大幅降低因饮用生水而引起疾病的风险。

如今饮用水引起的疾病更多是因为饮用水源污染，导致水体中的污染物，包括重金属、有机物和有毒物质等通过饮水直接进入人体或者通过食物链富集后进入人体，引起急性或慢性中毒。

1956 年，日本熊本县水俣镇出现了一种怪病。这种病最初体现在猫身上，病猫步态不稳，抽搐、麻痹，甚至跳海死亡。不久，人也出现这种症状，口齿不清、步履蹒跚、手足麻痹，严重的更是精神失常或死亡。这种怪病就是后来被称为世界八大公害事件之一的"水俣病"，是由于当时日本的氮肥公司将未经处理的含有汞的废水排入水俣湾，汞通过鱼虾等水生生物最终进入人体和动物体内，引起人类和动物中毒。日本前后发生了 3 次水俣病，受害者高达 12 615 人，其中，死亡 1246 人。

我们绝对不能轻视水污染所引起的疾病。汞、铅、镉等重金属是污水中常见的重金属，过量的重金属会损害人体的神经、造血、骨骼等各方面健康，甚至引起死亡。水是生命之本，因此，防治水污染，保障饮用水安全是人类健康生存的前提。

6 什么是水中毒？

你也许听说过野生菌菇中毒、野果子中毒，但你听说过水中毒吗？喝水也会中毒？是水中的有毒物质引起的中毒就叫水中毒吗？

水中毒是指人体摄入水的总量大幅超过了排出水的总量，使体内水的代谢发生了障碍，体内过多的水分导致细胞肿胀、细胞功能障碍。

一般情况下，健康人是不会轻易发生水中毒的。特殊情况下发生的体内水分相对过多或绝对过多就会引发水中毒。水中毒可以分为慢性水中毒和急性水中毒。慢性水中毒症状不明显，有时会有恶心呕吐、无力嗜睡、体重增加等现象，严重时会出现抽搐或昏迷症状。而急性水中毒发病急，会出现失语、头痛、精神错乱、嗜睡、躁动等症状，严重者可能会出现神经系统永久性损伤或死亡。

很多情况下，水中毒是由于人体内盐分过少而水分过多引起的，因此，大量饮水的时候，要适当补充盐分，保持体内盐和水的比例适当。

夏季人体出汗较多，盐分丢失也多，因此，可以喝一些淡盐水来预防水中毒。大量出汗后，也可以喝一些含电解质的饮料。喝水时先用水漱口，湿润口腔和咽喉，再喝少量的水，停一会再喝一些，这样分几次喝水可以避免一次喝过多的水而引起急性水过多或水中毒。

⑦ 为什么喝饮料不能代替喝水？

很多人不喜欢喝水，觉得水淡而无味，于是一旦口渴就选择喝各类饮料代替水。的确，饮料的口感比白开水要好得多，但是饮料真的能代替水吗？

虽然饮料的成分大部分是水，但其酸甜的味道主要来源于各种添加剂，长期饮用会对身体健康造成不良影响。一些果汁类饮料都会添加柠檬酸，大量的饮用会使摄入的有机酸超过人体对酸的处理能力，造成人体内 pH 值不平衡，人就会产生困倦、疲乏的感觉。而碳酸类饮料中往往含有磷酸，它会降低人体对钙的吸收，从而影响骨骼生长及青少年身高的发育。大量饮用碳酸类饮料还会阻碍铁质的吸收，诱发缺铁性贫血。

绝大部分饮料中都会添加糖，而且含量还不低。饮料中大量的糖不仅会加重肠胃负担，影响消化和食欲，还会增加人体热量的摄入，引起肥胖问题。此外，喝饮料代替喝水，会有大量糖分的摄入，长期如此会加重人体中胰岛的负担，增加患糖尿病的风险。

南京曾有一名 21 岁的小伙子因不喜欢没味道的水，长期喝饮料代替喝水，一天多则 8 瓶饮料，少则 4 瓶饮料，因恶心、头晕去医院

就诊，发现其血糖值高到仪器无法测量出来。尽管经过治疗病情有所好转，但其胰岛功能很难恢复正常，被确诊为糖尿病，需要终身携带胰岛素泵。

虽然白开水的口感比不上酸酸甜甜的饮料，但它是我们口渴时最健康的选择。如果实在想要喝点有味道的饮料，可以试试在家里鲜榨果汁或者泡点茶，这至少比商店里花花绿绿的饮料要健康得多。

⑧ 如何健康饮水？

　　人不能不喝水，喝水还能给人带来排毒、促消化等好处。感冒发烧或体内有小颗粒结石时，医生都会建议多喝水。每天喝多少水、什么时候适合喝水、喝什么样的水都是科学饮水的重要因素。

　　正常人每天从饮食和饮水中摄入水分，成人一般需要2500毫升的水6～8杯。如果你已经感觉到口渴，说明身体已经进入缺水状态。我们要尽量杜绝这种情况，养成每天及时喝水的习惯。

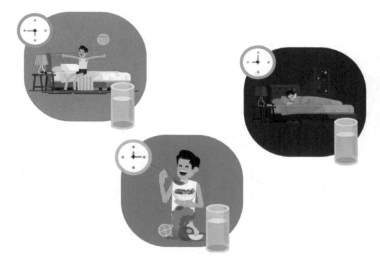

　　一天中有3个时间是补水最佳的时间。

　　早上起床后，空腹喝杯温水。一方面可以温润肠胃，分泌足够的消化液，刺激肠蠕动，有利于定时排便，防止便秘；另一方面，空腹饮下的温水被肠胃吸收进入血液，可稀释血液，加快血液循环。

　　饭前半小时喝杯水。既可以调节人体内的无机盐浓度，调动人的食欲，又可以减轻饭后因盐分摄入过多而引起的口渴。

　　睡前半小时也是不错的补水时间。睡前喝的水能预补人在睡觉时由于自然发汗而流失的水分，从而使身体在睡眠状态也能维持水分的平衡，降低尿液浓度，防止结石的产生。

喝水应选用优质的矿泉水或烧开的自来水，有条件的，可选择碱性水。炎热的夏天，很多人喜欢喝冰水，其实冰水易刺激肠胃，不利于健康。尽管炎热，还是应该喝温水，其更利于身体吸收。

水是最健康的饮料，科学的饮水是健康的保证。

参考文献

[1] 刘嘉麒．十万个为什么：地球 [M].6 版．北京：少年儿童出版社，2016.

[2] 汪品先．十万个为什么：海洋 [M].6 版．北京：少年儿童出版社，2016.

[3] 王绶琯，方成．十万个为什么：天文 [M]. 6 版．北京：少年儿童出版社，2016.

[4] 小多（北京）文化传媒有限公司．水的智慧与力量 [M].南宁：广西教育出版社，2014.

[5] 王贵水．你一定要懂的环保知识 [M].北京：北京工业大学出版社，2015.

[6] 黄宇，王元媛．地球上的河与湖 [M].北京：化学工业出版社，2014.

[7] 黄宇，王元媛．地球上的海洋 [M].北京：化学工业出版社，2014.

[8] 黄宇，王元媛．地球上的地下水 [M].北京：化学工业出版社，2014.

[9] 英国 DK 公司．DK 儿童自然环境百科全书 [M].北京：中国大百科全书出版社，2017.

[10] 肖协文，于秀波，潘明麒．美国南佛罗里达大沼泽湿地恢复规划、实施及启示 [J].湿地科学与管理，2012，8（3）：31-35.

[11] 林金兰，刘昕明，陈圆．国外湿地生态恢复规划的经验总结及借鉴 [J]. 化学工程与装备，2015（10）：256-260.

[12] 1998 特大洪水 [EB/OL].[2020-07-30].https://baike.baidu.com/item/1998%E7%89%B9%E5%A4%A7%E6%B4%AA%E6%B0%B4/8947486?fromtitle=98%E7%89%B9%E5%A4%A7%E6%B4%AA%E6%B0%B4&fromid=12678411&fr=aladdin.

[13] 洪涝灾害 [EB/OL]. [2020-07-30].https://baike.baidu.com/item/%E6%B4%AA%E6%B6%9D%E7%81%BE%E5%AE%B3/1787169?fr=aladdin.

[14] 湖泊富营养化 [EB/OL]. [2020-07-30].https://baike.baidu.com/item/%E6%B9%96%E6%B3%8A%E5%AF%8C%E8%90%A5%E5%85%BB%E5%8C%96/5031186?fr=aladdin.

[15] 赤潮 [EB/OL]. [2020-07-30].https://baike.baidu.com/item/%E8%B5%A4%E6%BD%AE/81643?fr=aladdin.